BEI GRIN MACHT SICH IHR WISSEN BEZAHLT

- Wir veröffentlichen Ihre Hausarbeit, Bachelor- und Masterarbeit

- Ihr eigenes eBook und Buch - weltweit in allen wichtigen Shops

- Verdienen Sie an jedem Verkauf

Jetzt bei www.GRIN.com hochladen und kostenlos publizieren

Marco Thomas

Winterlicher Wärmeschutz im Wohnungsbau

Grundbegriffe und historische Entwicklung der Anforderungen

GRIN Verlag

Bibliografische Information der Deutschen Nationalbibliothek:

Die Deutsche Bibliothek verzeichnet diese Publikation in der Deutschen National-
bibliografie; detaillierte bibliografische Daten sind im Internet über http://dnb.d-
nb.de/ abrufbar.

Dieses Werk sowie alle darin enthaltenen einzelnen Beiträge und Abbildungen
sind urheberrechtlich geschützt. Jede Verwertung, die nicht ausdrücklich vom
Urheberrechtsschutz zugelassen ist, bedarf der vorherigen Zustimmung des Verla-
ges. Das gilt insbesondere für Vervielfältigungen, Bearbeitungen, Übersetzungen,
Mikroverfilmungen, Auswertungen durch Datenbanken und für die Einspeicherung
und Verarbeitung in elektronische Systeme. Alle Rechte, auch die des auszugsweisen
Nachdrucks, der fotomechanischen Wiedergabe (einschließlich Mikrokopie) sowie
der Auswertung durch Datenbanken oder ähnliche Einrichtungen, vorbehalten.

Impressum:

Copyright © 2014 GRIN Verlag GmbH
Druck und Bindung: Books on Demand GmbH, Norderstedt Germany
ISBN: 978-3-656-61926-0

Dieses Buch bei GRIN:

http://www.grin.com/de/e-book/270549/winterlicher-waermeschutz-im-wohnungs-
bau

GRIN - Your knowledge has value

Der GRIN Verlag publiziert seit 1998 wissenschaftliche Arbeiten von Studenten, Hochschullehrern und anderen Akademikern als eBook und gedrucktes Buch. Die Verlagswebsite www.grin.com ist die ideale Plattform zur Veröffentlichung von Hausarbeiten, Abschlussarbeiten, wissenschaftlichen Aufsätzen, Dissertationen und Fachbüchern.

Besuchen Sie uns im Internet:

http://www.grin.com/

http://www.facebook.com/grincom

http://www.twitter.com/grin_com

Winterlicher Wärmeschutz im Wohnungsbau

Grundbegriffe des winterliches Wärmeschutzes/Historische
Entwicklung der Anforderungen im Wohnungsbau

Hausarbeit im Modul

„Immobilienbewirtschaftung I – Bautechnische Grundlagen"

an der

EBZ Business School,
University of Applied Sciences, Bochum

Eingereicht von:

Marco Thomas

Inhaltsverzeichnis

Abbildungs- und Tabellenverzeichnis

Einleitung

Das gesellschaftliche und mediale Interesse an ökologischen Themenbereichen hat in den vergangenen Jahrzehnten stark an Bedeutung gewonnen. Auch das Bewusstsein, dass die herkömmlichen Energieträger für Heizenergie nicht in unendlichem Ausmaß zur Verfügung stehen und nicht zuletzt die Preissteigerungen für Rohstoffe, aus denen Heizenergie gewonnen werden, haben dazu geführt, dass Themen wie Energie- und Kostenersparnis ein zentrales Thema in der Wohnungswirtschaft geworden sind. Sämtliche wohnungswirtschaftlich beteiligte Personengruppen, vom Planer bis hin zum Wohnungsmieter, sehen sich mit energetischen Themenkomplexen konfrontiert.

Dem winterlichen Wärmeschutz kommt in diesem Zusammenhang eine besonders gewichtige Bedeutung zu. In der kalten Jahreszeit wird schließlich ein Großteil der Heiz- und Wärmenergie verbraucht.

Diese Hausarbeit beschäftigt sich zu Beginn mit den wichtigsten Grundbegriffen des winterlichen Wärmeschutzes im Wohnungsbau. Neben den relevanten bautechnischen Grundbegriffen werden zudem wärmeschutzrelevante Kennzahlen erläutert. Im weiteren Verlauf, widmet sich die Hausarbeit der historischen Entwicklung der Wärmeschutzanforderungen, von der Einführung eines Mindestwärmeschutzes über die Ausarbeitung der DIN-4108, bis hin zur Novellierung der ab Mai 2014 gültigen EnEV 2014.

Der dritte Teil der Hausarbeit soll einen kurzen zusammenfassenden Überblick über die Behebung energetischer Schwachpunkte liefern. Zudem wird festgestellt, dass eine energetische Sanierung einer bestehenden Immobilie immer mit einer Veränderung des Nutzerverhaltens der Menschen, die in ihr leben oder arbeiten einhergeht.

Bei der Erstellung der Hausarbeit wurde größtenteils auf einschlägige Fachliteratur zurückgegriffen. Vereinzelt werden auch themenrelevante Internetseiten als Quelle aufgeführt. Hierbei wurde ganz besonders auf die Qualität der Quelle geachtet.

1. Grundbegriffe

Im Bereich des winterlichen Wärmeschutzes gibt es eine Reihe von bedeutenden Fachbegriffen, welche für das Verständnis der technischen Zusammenhänge von ausschlaggebender Bedeutung sind. Das erste Kapitel dieser Hausarbeit befasst sich daher mit den wichtigsten wärmeschutzrelevanten Bauteilen und den bedeutenden bauphysikalischen Begriffen und Kennzahlen. Besonderen Wert wird dabei auf die Definition der relevanten Begriffe gelegt, auf die mathematischen Formeln wird in dieser Hausarbeit nicht eingegangen.

1.1 Winterlicher Wärmeschutz/Transmission

Der winterliche Wärmeschutz befasst sich insbesondere mit der Vermeidung von Wärmeenergieverlusten durch eine mangelhaft ausgeführte oder gar gänzlich fehlende Dämmung der Außenbauteile eines Gebäudes. Die Wärmeenergie innerhalb der Gebäudehülle besteht zum einen aus der erzeugten Heizenergie der Heizungsanlage sowie aus der Wärmeenergie, welche von Elektrogeräten und von Nutzern innerhalb der Immobilie abgegeben wird.

Diese Wärmeenergie verbleibt dabei nicht dauerhaft im Inneren des Gebäudes. Die Wärmeenergie wird durch die Gebäudehülle (Außenwände, Fenster, Dach etc.) nach außen geleitet, dieser Effekt wird als Transmission bezeichnet. Des Weiteren wird Wärmeenergie durch das Lüften der Räume nach außen geleitet. Durch geeignete Maßnahmen wie eine korrekt ausgeführte Dämmung und eine luftundurchlässige Abdichtung der Außenhülle können neben der Einsparung von Heizenergie auch Spätfolgen wie Bauschäden durch Schimmelbildung vermieden werden.[1]

1.2 Bauteile

Nachfolgend sollen die wichtigsten Bauteile, welche eine relevante Rolle für den winterlichen Wärmeschutz spielen, erläutert werden.

1.2.1 Mauerwerksbau

Zur Errichtung des Mauerwerks im modernen Wohnungsbau wird heutzutage vielfach auf künstliche Bausteine wie Ziegelstein, Kalksandstein oder Betonstein zurückgegriffen. Die vorgenannten Bausteine werden sowohl von innen als auch von außen mit einer Putzschicht versehen. Neben einer einfachen Bauweise stehen diese künstlichen Bausteine vor allem für eine robuste Statik, sowie gute Eigenschaften in den Bereichen Schallschutz und

---

[1] vgl. Gärtner, Gabriele und Lotz, Antje (2010): Wärmeschutz in der Praxis, Stuttgart (S. 23).

Brandschutz. Aufgrund der vergleichsweise hohen Rohdichte sind diese Materialien für eine energiesparende Wärmedämmung alleine eher ungeeignet. [2]

Um die Wärmeleitfähigkeit der Bausteine zu verbessern werden bei der Produktion die Hohlräume im Beton- oder Ziegelstein mitunter mit mineralischen Dämmstoffen ausgefüllt.[3]

Eine geeignete Alternative für die Nutzung von konventionellen Mauerwerkssteinen ist die Verwendung von Nadel- und Laubholz. Gute statische Verwendungsmöglichkeiten sowie vereinfachte Montagemöglichkeiten lassen dem nachwachsenden Rohstoff eine steigende Bedeutung im Wohnungsbau zukommen.[4]

1.2.2 Fenster und Fensterrahmen

Das Fenster ist aus energetischer Sicht eine der größten Schwachstellen im Wohnungsbau. Der für den winterlichen Wärmeschutz maßgebliche Wärmedurchgangskoeffizient[5] („U-Wert") kann insbesondere durch eine energiesparende Verglasung beeinflusst werden. Die nachstehende Tabelle (Tabelle 1) veranschaulicht die Scheibeninnentemperatur bei einer Außentemperatur von -10°C und einer Raumtemperatur im Inneren von +20°C:

Verglasung	U-Wert W(m²K)	Scheiben-Innenoberflächentemperatur bei -10°C außen und +20°C innen
1-Scheiben-Glas	5,2	- 1,0 °C
2-Scheiben Isolierglas	2,6 – 3,0	+8,4 °C
2-Scheiben-Wärmeschutzglas	0,9 – 1,8	+ 15,5 bis + 12,8 °C
3-Scheiben-Wärmeschutzglas	0,4 – 0,9	+ 17,3 bis + 16,4 °C

Tabelle 1 (vgl. Königstein, Thomas (2012): Ratgeber energiesparendes Bauen, 5. Auflage, Taunusstein (S. 75)

Ebenfalls von großer energetischer Bedeutung ist der Fensterrahmen. Der Fensterrahmen macht zwischen 30 – 50 % der Fenstergröße aus, die Wahl des richtigen Fensterrahmenmaterials soll daher nicht vernachlässigt werden. Holz- und Kunststoffmaterialien haben mit

---

[2] vgl. Königstein, Thomas (2012): Ratgeber energiesparendes Bauen, 5. Auflage, Taunusstein (S. 19).
[3] vgl. Königstein, Thomas (2012): Ratgeber energiesparendes Bauen, 5. Auflage, Taunusstein (S. 22).
[4] vgl. Königstein, Thomas (2012): Ratgeber energiesparendes Bauen, 5. Auflage, Taunusstein (S. 23).
[5] siehe auch Kapitel 2.3.1. Wärmedurchgangskoeffizient („U-Wert")

einem Wärmedurchgangskoeffizienten[6] von 1,3 – 1,7 (Holz) und 1,4 – 2,1 (Kunststoff) gute Dämmeigenschaften.

Aluminiumrahmen besitzen mit einem Wärmedurchgangskoeffizienten von 1,5 – 5,8 eher schlechte Dämmeigenschaften und sind in der Anschaffung zudem vergleichsweise teuer.[7]

1.2.3   Dach

Das Dach ist das Bauteil, welches wie kein anderes den äußerlichen Witterungsbedingungen wie Hitze, Kälte, Wasser und Sturm ausgesetzt ist. Insbesondere durch seine große Fläche kommt dem Dach eine besondere energetische Bedeutung zu. Der eigentliche Wärmeschutzeffekt wird dabei jedoch nicht von dem Dach selbst, sondern durch Einbringung einer Wärmedämmschicht erzielt.

Je nach dem, um welchen Typ Dach es sich handelt bzw. auch ob es um die Errichtung eines Neubaus oder die nachträgliche Modernisierung geht, können verschiedene Dämmverfahren zum Einsatz kommen. Bei der am häufigsten vorzufindenden Dachform, dem Satteldach, sind vor allem drei Verfahren geläufig:

- Aufsparrendämmung

- Zwischensparrendämmung

- Untersparrendämmung

Die Aufsparrendämmung kommt beim Neubau oder bei einer kompletten Neueindeckung des Dachs in Frage. Bei diesem Dämmverfahren wird die Dämmschicht oberhalb zwischen Sparren und Dacheindeckung angebracht. Damit der Dachaufbau nicht zu hoch wird, ist die Dämmstärke auf eine Höhe von 28 cm begrenzt.

Wie der Name schon verrät, wird bei der Zwischensparrendämmung die Dämmschicht dicht zwischen den Sparren angebracht, sodass Sparren und Dämmschicht eine ebene Fläche ergeben.

Bei der nachträglichen Modernisierung von Bestandsimmobilien wird häufig die Untersparrendämmung angewandt. Bei dieser Variante wird das Dach von Innen gedämmt, wodurch je nach Dicke der Dämmschicht ein Verlust an Innenraum zu verzeichnen ist.

Des Weiteren kann eine Kombination verschiedener Dämmvarianten von Vorteil sein[8]

Die nachfolgende Abbildung zeigt die Anbringung einer Aufsparrendämmung:

---

[6] siehe auch Kapitel 2.3.1. Wärmedurchgangskoeffizient („U-Wert")
[7] vgl. Königstein, Thomas (2012): Ratgeber energiesparendes Bauen, 5. Auflage, Taunusstein (S. 77).
[8] vgl. Königstein, Thomas (2012): Ratgeber energiesparendes Bauen, 5. Auflage, Taunusstein (S. 54 ff.).

Abbildung 2: Aufsparrendämmung (vgl. Ansorge, Dieter, , Wärmeschutz-, Feuchteschutz-, Salzschäden, Stuttgart, 2. Auflage, 2014 (S. 20))

1.2.4 Heizung

Die möglichst energie- und kostensparende Erzeugung von Heizenergie ist aus ökologischen und ökonomischen Gesichtspunkten ein gewichtiger Themenkomplex. Neben den „klassischen" Energieträgern wie Öl oder Gas, findet man mittlerweile auch immer häufiger Heizsysteme, welche komplett ohne fossile Brennstoffe auskommen. Als Beispiel für ein solches Heizsystem sei an dieser Stelle die Wärmepumpenheizung genannt. Für den winterlichen Wärmeschutz ist dieses Thema jedoch von nachrangiger Bedeutung. Daher soll an dieser Stelle nur auf die Pflicht zum Austausch älterer Heizkessel in der kommenden EnEV 2014 hingewiesen werden (siehe auch Kapitel 3.5 dieser Hausarbeit).

1.3 Bauphysikalische Begriffe und Kennzahlen

Nachfolgend sollen die wichtigsten Begriffe der Bauphysik und Kennzahlen des winterlichen Wärmeschutzes erläutert werden. Wie zu Beginn des Kapitels erwähnt, wird dabei besonderen Wert auf die Definition der Begrifflichkeiten gelegt. Die dazugehörigen mathematischen Formeln sollen dabei nicht untersucht werden.

1.3.1 Wärmedurchgangskoeffizient („U-Wert")

Der Wärmedurchgangskoeffizient – auch „U-Wert" genannt, ist eine der wichtigsten bauphysikalischen Kennzahlen im winterlichen Wärmeschutz. Er wird im Wesentlichen durch die Dicke und die Wärmeleitfähigkeit[9] des jeweiligen Bauteils bestimmt[10] und definiert die

---

[9] siehe Kapitel 2.3.2. Wärmeleitfähigkeit.
[10] vgl. Gärtner, Gabriele und Lotz, Antje (2010): Wärmeschutz in der Praxis, Stuttgart (S. 14 ff.).

Wärmemenge, welche durch 1 m² des jeweiligen Bauteils bei einem Temperaturunterschied der beiden angrenzenden Luftschichten (Innen und Außen) von einem Kelvin[11] durchströmt.[12]

Grundsätzlich gilt hierbei: Je geringer der U-Wert ausfällt, desto besser sind seine wärmedämmtechnischen Eigenschaften.[13]

Die für den Wohnungsbau relevante DIN-4108-2 schreibt Mindestwerte für den U-Wert vor. (s. Tabelle 3)

Bauteil	Max. zul. U-Wert in W/m²K
Außenwände	0,73
Erdberührte Bauteile	0,75
Dächer	0,74
Bodenplatte unter beheizten Räumen	0,93
Decke über unbeheizten Räumen	0,90

Tabelle 3 (vgl. Gärtner, Gabriele und Lotz, Antje (2010): Wärmeschutz in der Praxis, Stuttgart (S. 15)

1.3.2 Wärmeleitfähigkeit

Die Wärmeleitfähigkeit beschreibt welche Wärmemenge pro Sekunde durch ein Bauteil mit einer Dicke von einem Meter bei einem Temperaturunterschied von einem Kelvin strömt. Hierbei gilt, dass wärmere Luftschichten immer in Richtung der kälteren Luftschichten strömen. Die Wärmeleitfähigkeit wird mit dem griechischen Buchstaben λ (Lambda) angegeben.

Je schlechter die Wärmeleitfähigkeit eines Stoffes ist, desto geringer ist die Zahl λ und umso höher ist die Dämmwirkung.[14]

Geeignete Dämmmaterialen sollen also einen möglichst geringen λ-Wert besitzen.

Die nachstehende Grafik vergleicht unterschiedlicher Baumaterialien hinsichtlich Ihrer Wärmeleitfähigkeit:

---

[11] Temperaturdifferenzen werden in der Physik mit Kelvin angegeben
[12] vgl. Königstein, Thomas (2012): Ratgeber energiesparendes Bauen, 5. Auflage, Taunusstein (S. 16).
[13] vgl. Schild, Kai und Willems, Wolfgang M. (2011): Wärmeschutz, Wiesbaden (S. 71).
[14] vgl. Königstein, Thomas (2012): Ratgeber energiesparendes Bauen, 5. Auflage, Taunusstein (S. 15).

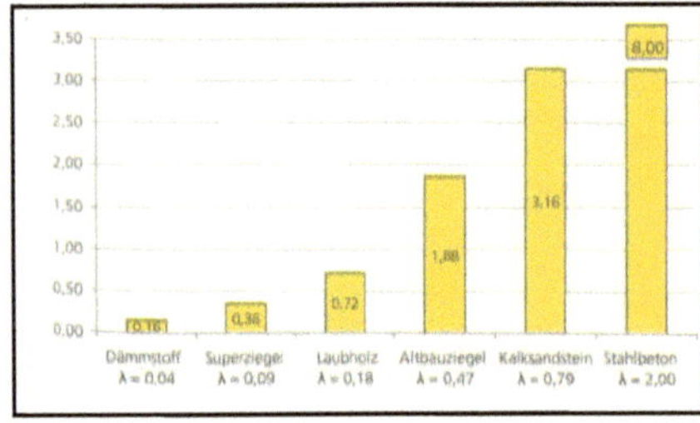

Abbildung 4: Wärmeleitfähigkeit von Dämmstoffen (Königstein, Thomas (2012): Ratgeber energiesparendes Bauen, 5. Auflage, Taunusstein (S. 15).

1.3.3 Wärmebrücken

Prof. Dipl.-Ing. Karlheinz Volland und Dipl.Ing. (FH) Johannes Volland definieren Wärmebrücken wie folgt:

„Wärmebrücken sind energetische Schwachstellen (…) Ihr Einfluss kann bis zu 20 % des errechneten Energieverbrauchs betragen. Sie müssen deshalb bei jeder Energiebilanz berücksichtigt werden."

„Wärmbrücken sind Bauteilbereiche, an denen ein größerer Wärmestrom fließt als an der übrigen ungestörten Fläche des Bauteils. Dies wird durch Materialwechsel in der Bauteilebene und durch die Bauteilgeometrie verursacht. Man spricht auch von stofflichen oder geometrischen Wärmebrücken, deren Phänomene sich durchaus überlagern können."[15]

Um den Verlust von Wärmeenergie durch Wärmebrücken sichtbar zu machen kann mittels einer Wärmebildkamera eine Thermografieaufnahme der Außenhülle des Gebäudes erstellt werden. Die nachfolgende Abbildung (Abbildung 5) zeigt eine solche Aufnahme:

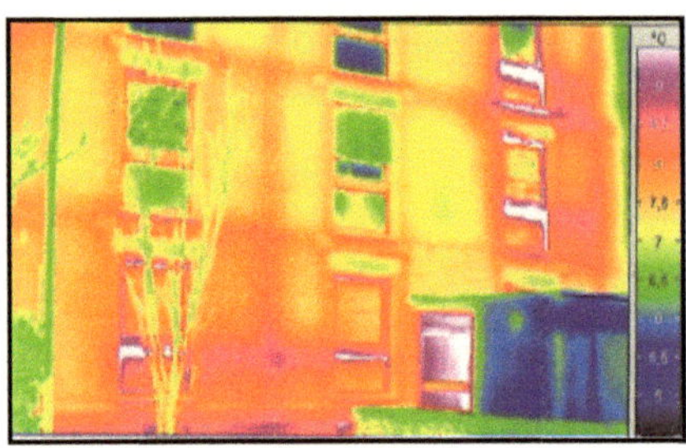

Abbildung 5: Bild einer Infrarotkamera der Gebäudefassade (vgl. Prof. Dipl-Ing. Volland, Karlheinz und Dipl.-Ing. (FH) Volland, Johannes (2010): Wärmeschutz und Energiebedarf nach EnEV 2009, 3. Auflage (S. 6-286)

Mittels der farblichen Temperaturskala kann man die unterschiedliche Oberflächentemperatur der Bauteile und damit evtl. vorhandene energetische Schwachstellen (Wärmebrücken) lokalisieren.

---

[15] vgl. Prof. Dipl-Ing. Volland, Karlheinz und Dipl.-Ing. (FH) Volland, Johannes (2010): Wärmeschutz und Energiebedarf nach EnEV 2009, 3. Auflage (S. 6-285 ff.).

1.3.4 Taupunkt/Tauwasserausfall

Die maximale Wasserdampfmenge, welche von der Raumluft aufgenommen werden kann ist im Wesentlichen von der Raumlufttemperatur abhängig. Grundsätzlich gilt: Warme Luft kann mehr Wasserdampf aufnehmen als kältere Luft. Üblicherweise beträgt die relative Luftfeuchtigkeit zwischen 50 % - 60 %. Ist die Luft vollständig mit Wasserdampf gesättigt beträgt die relative Luftfeuchtigkeit 100 %. Die Luft ist dann nicht mehr in der Lage zusätzlich Wasserdampf aufzunehmen. Diese maximale Sättigung mit Wasserdampf wird auch als Taupunkt bezeichnet.

Kommt es nun an der Oberfläche von Wärmebrücken zu einer Absenkung der Oberflächentemperatur kann nicht mehr ausreichend Feuchtigkeit durch die Luft aufgenommen werden und es kommt zum sog. Tauwasserausfall bzw. zur Kondensatbildung an der Bauteiloberfläche.

Durch das regelmäßige Lüften von Räumen mit einer hohen Luftfeuchtigkeit (Badezimmer, Waschraum etc.) und dem damit erzielten Austausch der gesättigten Raumluft kann diesem Effekt entgegengewirkt werden. [16]

2. Historische Entwicklung

Themen wie winterlicher Wärmeschutz und Energieeinsparung haben in der heutigen Zeit einen bedeutend höheren Stellenwert in der Gesellschaft. Dies wird vor allem durch eine stärkere mediale Berichterstattung und ein mittlerweile sehr stark ausgeprägtes Bewusstsein für umweltschonendere Technologien und Themenkomplexe unterstützt.

Die Anforderungen an einen modernen Neubau sind, insbesondere in den vergangenen 20 Jahren, sehr stark gestiegen. Themen wie „Energieeffizienz" und „CO^2-Einsparung" sind mittlerweile aus dem Wohnungsbau nicht mehr weg zu denken. Die konkreten Anforderungen an Neubauten und Modernisierungsmaßnahmen in Bestandsbauten werden dabei in der sog. Energieeinsparverordnung 2009, kurz EnEV 2009, geregelt. Diese aktuell geltende EnEV 2009 ist das Ergebnis eines jahrelang fortschreitenden Prozesses, indem durch stetig steigende Anforderungen, beispielsweise durch den Einsatz moderner Wärmedämmstoffe, energiesparender Verglasung oder eines effizienteren Heizsystems, der CO^2-Ausstoss eines modernen Mehrfamilienhauses nachhaltig gesenkt wurde und zukünftig weiter gesenkt werden soll.

Nachstehend soll die historische Entwicklung der Anforderungen an den winterlichen Wärmeschutz im Wohnungsbau in Deutschland aufgezeigt werden.

---

[16] vgl. Gärtner, Gabriele und Lotz, Antje (2010): Wärmeschutz in der Praxis, Stuttgart (S. 25 ff.).

2.1 Die vier Klimazonen zu Beginn des 20. Jahrhunderts

In den ersten Jahrzehnten des 20. Jahrhunderts waren Wärmedämmstoffe noch weitestgehend unbekannt. Der Mindestwärmeschutz für Neubauten aus dieser Zeit wurde lediglich durch die Einteilung des damaligen Staatsgebietes in insgesamt vier Klimazonen beeinflusst. Je nach Lage der Klimazone wurden unterschiedliche hohe Anforderungen an die Dicke der Ziegelaußenwand (inkl. Putz) gestellt. Aus dieser Zeit ist leider keine Kartenquelle mehr vorhanden, daher ist eine Zuordnung und Darstellung heute leider nicht mehr möglich.[17]

2.2 Mindestwärmeschutz nach DIN 4108 von 1952

Im Jahre 1952 wurden die Anforderungen an den Mindestwärmeschutz im Wohnungsbau erstmals in der sog. DIN 4108 zusammengefasst. Aus den bereits existierenden vier Klimazonen wurden drei Wärmedämmgebiete (siehe Abb. 6).

Seit der Einführung wurden die Vorgaben der DIN 4108 fortlaufend aktualisiert und weiterentwickelt und im Jahr 1981 durch den Normenteil „DIN 4108-2" ergänzt. Hierin werden zahlreiche Hinweise zum energiesparenden Bauen gegeben.

Einige grundsätzliche Hinweise aus der DIN-4108-2 zum energiesparenden Bauen:

- Vermeidung exponierter Standorte

- Geeignete Ausrichtung des Gebäudes

- Keine übergroßen Fensterflächen

- Vermeidung von Wärmebrücken

- Heiz- und Wasserleitung sind nach Möglichkeit in Innenbauteilen anzuordnen

- Ausreichende Dämmung der Außenhülle[18]

---

[17] vgl. Schild, Kai und Willems Wolfgang M., (2011): Wärmeschutz , 1. Auflage, Wiesbaden (S. 177).
[18] vgl. Schild, Kai und Willems Wolfgang M., (2011): Wärmeschutz , 1. Auflage, Wiesbaden (S. 178 ff.).

Abbildung 6: Karte der Wärmedämmgebiete (aus. Schild, Kai und Willems, Wolfgang M., (2011): Wärmeschutz, 1. Auflage, Wiesbaden (Seite 178).

2.3 Energieeinsparungsgesetz von 1976

Im Jahr 1976 wurden mit der Einführung des Energieeinsparungsgesetzes, kurz EnEG, erstmals verbindliche gesetzliche Vorgaben an einen energiesparenden Wärmeschutz im Wohnungsbau gestellt.

Weitere Verordnungen, wie beispielsweise die Wärmeschutzverordnung (1977) oder die Heizanlagenverordnungen (1978), welche eine Verminderung des Energiebedarfs zum Ziel hatten, folgten.[19][20]

2.4 Energieeinsparverordnung von 2002

Im Jahre 2002 wurden die Wärmeschutzverordnung und die Heizanlagenverordnung inhaltlich, in der damaligen Energieeinsparverordnung 2002 (EnEV 2002) zusammengefasst. Seit 2002 wurde die „EnEV" ständig überarbeitet und hinsichtlich der Anforderungen verschärft. Die derzeit gültige Version der „EnEV" stammt aus dem Jahr 2009.[21]

Die EnEV 2009 beschreibt die energetische Qualität von Neu- und Altbauten. Bzgl. der praktischen Umsetzung der energetischen Maßnahmen schreibt die EnEV 2009 lediglich das Erreichen eines Zielwertes hinsichtlich des Jahresprimärenergiebedarfes vor. Energetisch schlechtere Bauteile können so mit besseren Standards „verrechnet" werden.[22]

---

[19] vgl. Schild, Kai und Willems Wolfgang M., (2011): Wärmeschutz , 1. Auflage, Wiesbaden (S. 179).
[20] vgl. Gärtner, Gabriele und Lotz, Antje, (2010): Wärmeschutz in der Praxis, Stuttgart (S. 41)
[21] vgl. Schild, Kai und Willems Wolfgang M., (2011): Wärmeschutz , 1. Auflage, Wiesbaden (S. 179).
[22] vgl. Königstein, Thomas (2012): Ratgeber energiesparendes Bauen, 5. Auflage, Taunusstein (S. 109ff.).

2.5 Energieeinsparverordnung 2014

Durch Veröffentlichung im Bundesgesetzblatt vom 21. November 2013 wurde die zweite Verordnung zur Änderung der Energieeinsparverordnung bekannt gegeben. Durch diese zweite Änderung wird die EnEV 2014 die bisher gültige EnEV 2009 am 01. Mai 2014 ablösen. Bauanträge, welche nach dem 30. April 2014 eingereicht werden, müssen somit die Anforderungen der EnEV 2014 erfüllen. Ab dem 01. Januar 2016 sieht die EnEV 2014 eine weitere „Verschärfung" der Anforderungen für Neubauten vor[23].

Das zuständige Bundesministerium für Verkehr und digitale Infrastruktur hat auf seiner Internetseite die wichtigsten Änderungen der Novellierung zusammengefasst:

„Wesentliche Inhalte der Novellierung der EnEV

1. Vorgaben für das Bauen
Angemessene und wirtschaftlich vertretbare Anhebungen der energetischen Anforderungen an Neubauten ab dem 1. Januar 2016 um durchschnittlich 25 Prozent des zulässigen Jahres-Primärenergiebedarfs und um durchschnittlich 20 Prozent bei der Wärmedämmung der Gebäudehülle - dem sogenannten zulässigen Wärmedurchgangskoeffizienten.

Die Anhebung der Neubauanforderungen ist ein wichtiger Zwischenschritt hin zum EU-Niedrigstenergiegebäudestandard, der spätestens ab 2021 gilt.

Ab dem Jahr 2021 müssen nach europäischen Vorgaben alle Neubauten im Niedrigstenergiegebäudestandard errichtet werden. Für Neubauten von Behördengebäuden gilt dies bereits ab 2019. Das sieht im Wege einer Grundpflicht das bereits geänderte Energieeinsparungsgesetz, das im Juli dieses Jahres bereits in Kraft getreten ist, vor. Die konkreten Vorgaben an die energetische Mindestqualität von Niedrigstenergiegebäuden werden rechtzeitig bis spätestens Ende 2016 – für Behördengebäude - bzw. Ende 2018 – für alle Neubauten - festgelegt.

Bei der Sanierung bestehender Gebäude ist keine Verschärfung vorgesehen. Die Anforderungen bei der Modernisierung der Außenbauteile sind hier bereits sehr anspruchsvoll. Das hier zu erwartende Energieeinsparpotenzial wäre bei einer zusätzlichen Verschärfung im Vergleich zur EnEV 2009 nur gering.

---

[23] vgl. Homepage Enev-Online http://www.enev-online.com/enev_praxishilfen/geltende_enev_fassung_fuer_bauvorhaben_tabelle.htm Abruf 10.01.2014

Auf Wunsch des Bundesrates wurde die Pflicht zum Austausch alter Heizkessel (Jahrgänge älter als 1985 bzw. älter als 30 Jahre) erweitert. Bisher galt diese Regelung für Kessel, die vor 1978 eingebaut wurden. Nicht betroffen sind Brennwertkessel und Niedertemperaturheizkessel, die einen besonders hohen Wirkungsgrad haben Erfasst werden demnach nur sogenannte Konstanttemperaturheizkessel. Der Anwendungsbereich der Pflicht ist also begrenzt. In der Praxis werden die Kessel ohnehin im Durchschnitt nach 24 Jahren ausgetauscht. Außerdem sind viele selbstgenutzte Ein- und Zweifamilienhäuser von der Pflicht ausgenommen. Hier gilt die bereits seit der EnEV 2002 bestehende Regelung fort, nach der Eigentümer von Ein- und Zweifamilienhäusern, die am 1. Februar 2002 in diesen Häusern mindestens eine Wohnung selbst genutzt haben, von der Austauschpflicht ausgenommen sind. Im Falle eines Eigentümerwechsels ist die Pflicht vom neuen Eigentümer innerhalb von zwei Jahren zu erfüllen.

2. Vorgaben für Energieausweise

Einführung der Pflicht zur Angabe energetischer Kennwerte in Immobilienanzeigen bei Verkauf und Vermietung: Auf Wunsch des Bundesrates ist Teil dieser Pflicht nun auch die Angabe der Energieeffizienzklasse. Diese umfasst die Klassen A+ bis H. Die Regelung betrifft allerdings nur neue Energieausweise für Wohngebäude, die nach dem Inkrafttreten der Neuregelung ausgestellt werden. Das heißt: Liegt für das zum Verkauf oder zur Vermietung anstehende Wohngebäude ein gültiger Energieausweis nach bisherigem Recht, also ohne Angabe einer Energieeffizienzklasse, vor, besteht keine Pflicht zur Angabe einer Klasse in der Immobilienanzeige. Auf diese Weise können sich die Energieeffizienzklassen nach und nach am Markt etablieren.

Präzisierung der bestehenden Pflicht zur Vorlage des Energieausweises gegenüber potenziellen Käufern und Mietern: Bisher war vorgeschrieben, dass Energieausweise „zugänglich" gemacht werden müssen. Nun wird präzisierend festgelegt, dass dies zum Zeitpunkt der Besichtigung des Kauf- bzw. Mietobjekts geschehen muss.

Darüber hinaus muss der Energieausweis nun auch an den Käufer oder neuen Mieter ausgehändigt werden (Kopie oder Original).

Einführung der Pflicht zum Aushang von Energieausweisen in bestimmten Gebäuden mit starkem Publikumsverkehr, der nicht auf einer behördlichen Nutzung beruht, wenn bereits ein Energieausweis vorliegt. Davon betroffen sind z.B.: größere Läden, Hotels, Kaufhäuser, Restaurants oder Banken. Erweiterung der bestehenden Pflicht der öffentlichen Hand zum Aushang von Energieausweisen in behördlich genutzten Gebäuden mit starkem Publikumsverkehr auf kleinere Gebäude (mehr als 500 qm, bzw. ab Juli 2015 mehr als 250 qm Nutzfläche mit starkem Publikumsverkehr).

3. Stärkung des Vollzugs der EnEV
Einführung unabhängiger Stichprobenkontrollen durch die Länder für Energieausweise und Berichte über die Inspektion von Klimaanlagen (gemäß EU-Vorgabe)."[24]

3.   Behebung energetischer Schwachpunkte

Hat man bei der Neuerrichtung der Immobilie noch die Möglichkeit, bereits in der Planungs- und Ausführungsphase ein energetisches Gesamtkonzept zu erarbeiten und während der Bauausführung auf energiesparende Bauteile sowie eine moderne Wärmedämmung zu setzen, ist im Bereich der Bestandsmodernisierung oftmals ein Mix aus verschiedenen Modernisierungsmaßnahmen notwendig, um die Energiebilanz der Immobilie nachhaltig zu verbessern.

Nicht selten kommt es vor, dass sich die geltenden Vorschriften zu Modernisierungsmaßnahmen mit Vorschriften aus anderen Rechtsbereichen in Einklang zu bringen sind. Das Anbringen einer äußeren Wärmedämmung an einer denkmalgeschützten Gründerzeitfassade wird sicherlich keine Genehmigung durch das zuständige Amt für Denkmalschutz erhalten. Das letzte Kapitel dieser Hausarbeit widmet sich daher der Behebung möglicher energetischer Schwachpunkte und zeigt mögliche Modernisierungsmaßnahmen im Wohnungsbestand auf.

3.1   CE-Kennzeichnung/Ü-Zeichen

Zum Zwecke der technischen Harmonisierung wurde mit Wirkung zum 01.01.2004 eine einheitliche europäische Zertifizierung und Kennzeichnung von Dämmstoffen geschaffen[25]. Des Weiteren müssen sämtliche Dämmstoffe das sog. CE-Zeichen tragen. Das CE-Zeichen dokumentiert die Einhaltung der der EU-Richtlinien. Neben dem CE-Zeichen können zugelassene Dämmstoffe auch das Übereinstimmungskennzeichen (Ü-Zeichen) tragen. Neben der Einhaltung der EU-Normen wird durch das Ü-Zeichen eine regelmäßige Fremdüberwachung durch eine staatlich anerkannte Prüfstelle dokumentiert.[26]

---

[24]   vgl. Internetseite des Bundesministeriums für Verkehr und digitale Infrastruktur http://www.bmvbs.de/SharedDocs/DE/Anlage/BauenUndWohnen/enev-wesentliche-inhalte-der-novellierung.pdf?__blob=publicationFile Abruf 17.01.2014.
[25] vgl. Schild, Kai und Willems Wolfgang M., (2011): Wärmeschutz , 1. Auflage, Wiesbaden (S. 40 ff).
[26] Königstein, Thomas (2012): Ratgeber energiesparendes Bauen, 5. Auflage, Taunusstein (S. 30 ff.).

3.2 Dämmmaterialien

Je nach Bauteil der Immobilie können unterschiedliche Dämmmaterialien zur Anwendung kommen. Nachstehend sollen die unterschiedlichen Materialien sowie die Arten der Dämmung aufgezeigt werden.

3.2.1 Dämmung der Außenwand

Für die Dämmung der Außenwand stehen für Neu- und Bestandsbauten unterschiedliche Konstruktionsarten und Materialien zur Verfügung. Die Dämmung kann sowohl als Innen-, Kern- und Außendämmung angebracht werden. Die Kerndämmung ist vergleichsweise aufwändig und kostenintensiv und eignet sich in der Regel auch nur bei der Neuerrichtung von Gebäuden. Die Anbringung einer Innendämmung ist eine preiswerte und einfach zu montierende Lösung, die Außenwand bleibt jedoch ungeschützt und es kann zu Wärmebrückenbildung kommen. Ein weiterer negativer Aspekt ist die Verkleinerung der Wohnfläche.

Empfehlenswert ist die Anbringung einer Außendämmung. Auch bei großen Dämmstärken geht keine Wohnfläche verloren und moderne Wärmedämm-Verbundsysteme sind vergleichsweise kostengünstig. Zudem bietet dieses System auch Vorteile für den sommerlichen Wärmeschutz.[27]

3.2.2 Dämmung des Daches

Heutzutage ist es üblich, dass die Dachräume in Wohnhäusern ausgebaut werden und zu Wohnzwecken benutzt werden. Eine Nutzung zu Wohnwecken war noch bis Mitte des 20. Jahrhunderts eher unüblich. Eine Nutzung als Wohnraum fand man bis dahin nur in Schlössern oder in den Stadthäusern der höheren Bürgerschaft wo der Dachraum als Wohnraum für die Bediensteten des Hauses genutzt wurde. Aufgrund einer Verteuerung der Grundstückspreise sowie der Wohnraumknappheit Mitte des 20. Jahrhunderts wurde eine Nutzung des Dachgeschosses zu Wohnzwecken üblich.[28]

Als Dämmmaterialien im Neu- oder Bestandsbau können unterschiedliche Stoffe wie beispielsweise Glaswolle, Steinwolle, Kork oder Polystyrolplatten zum Einsatz kommen. Für die Dämmung des Daches kommen ebenfalls unterschiedliche Methoden, je nachdem ob es sich um einen Neubau oder ein Bestandsgebäude handelt, zum Einsatz (siehe Kapitel 2.2.3).

3.2.3 Dämmung von Decken und Bodenplatte

Bei der Dämmung der Kellerdecke muss zunächst unterschieden werden, ob es sich bei den Kellerräumen um einen unbeheizten oder beheizten Keller handelt.

Handelt es sich um einen unbeheizten Keller, ist es sinnvoll die Kellerdecke gegen den Wärmeabfluss aus den darüberliegenden Wohnräumen zu dämmen. Befinden sich im Kel-

---

²⁷ vgl. Königstein, Thomas (2012): Ratgeber energiesparendes Bauen, 5. Auflage, Taunusstein (S. 44 ff.).
²⁸ vgl. Ansorge, Dieter, , Wärmeschutz-, Feuchteschutz-, Salzschäden, Stuttgart, 2. Auflage, 2014 (S. 17 ff.).

ler beheizte Wohnräume ist es notwendig den Boden sowie die Kelleraußenwände gegen das Erdreich zu dämmen. Mögliche Dämmmaterialien sind u.a. Schaumglas oder Hartschaumpolystyrol-Platten (XPS-Platten).[29]

Die nachträgliche Dämmung von Bestandsbauten mit einer Außendämmung ist im Bereich der Kelleraußenwände/Bodenplatte jedoch mit einem erheblichen technischen und kostenintensiven Aufwand verbunden.

3.3 Anpassung Nutzerverhalten

Abschließend muss noch darauf hingewiesen werden, dass es nach einer durchgeführten Modernisierungsmaßnahme oftmals erforderlich ist, das eigene Nutzerverhalten entsprechend anzupassen. Nach dem Austausch älterer Fenster ist es beispielsweise notwendig das Lüftungsverhalten entsprechend anzupassen. Haben die älteren, energetisch schlechteren Fenster, für eine dauerhafte Be- und Entlüftung der Räume gesorgt, muss bei modernen Fenstern nachgeholfen werden. Insbesondere in Räumen mit einer hohen relativen Luftfeuchtigkeit, kann durch das sog. Stoßlüften für einen raschen Austausch der Raumluft und damit auch zu einem Herabsinken der Luftfeuchtigkeit gesorgt werden.

Nach einer Modernisierungsmaßnahme ist es daher empfehlenswert, Wohnungsmieter über das korrekte Lüftungsverhalten aufzuklären um Folgeschäden durch Tauwasserausfall und anschließender Schimmelpilzbildung vorzubeugen.

---

[29] vgl. Königstein, Thomas (2012): Ratgeber energiesparendes Bauen, 5. Auflage, Taunusstein (S. 58).

Literaturverzeichnis

Ansorge, Dieter, Fraunhofer IRB Verlag, Wärmeschutz-, Feuchteschutz-, Salzschäden, Stuttgart, 2. Auflage, 2014

Gärtner, Gabriele und Lotz, Antje, Fraunhofer IRB Verlag, Wärmeschutz in der Praxis, Stuttgart, 1. Auflage, 2010

Königstein, Thomas, Bau-Rat: BLOTTNER. Ratgeber energiesparendes Bauen, Taunusstein, 5. Auflage, 2012.

Schild, Kai und Willems, Wolfgang M., Vieweg + Teubner, Wärmeschutz Grundlagen – Berechnung – Bewertung, 1. Auflage, 2011

Prof. Dipl-Ing. Volland, Karlheinz und Dipl.-Ing. (FH) Volland, Johannes, Rudolf Müller, Wärmeschutz und Energiebedarf nach EnEV 2009, 3. Auflage, 2010

Verzeichnis der Gesetze

DIN-4108-2

EnEV 2002

EnEV 2009

EnEV 2014

Energieeinsparungsgesetz

Wärmeschutzverordnung

Heizanlagenverordnung